영재 엄마, 땅 꺼지겠어요. 무슨 일 있어요?

우리 영재 때문에 걱정이 이만저만이 아니에요.

후우

엄마, '각도' 부분에서 각도 어림하는 게 너무 어려워요.

수학이 싫어질 것 같아요.

추

욱

이러고 있지 뭐예요.

그런 문제라면 걱정하지 않아도 돼.

슥

기탄교육에서 나온 **'기탄영역별수학 도형·측정편'**을 풀게 해 주세요.

모자라는 부분을 **'집중적'**으로 학습할 수 있어요.

짠

각도

10

빨리 사야겠네요.

수학과 교육과정에서 초등학교 수학 내용은 '수와 연산', '도형', '측정', '규칙성', '자료와 가능성'의 5개 영역으로 구성되는데, 우리가 이 교재에서 다룰 영역은 '도형·측정'입니다.

'도형' 영역에서는 평면도형과 입체도형의 개념, 구성요소, 성질과 공간감각을 다룹니다. 평면도형이나 입체도형의 개념과 성질에 대한 이해는 실생활 문제를 해결하는 데 기초가 되며, 수학의 다른 영역의 개념과 밀접하게 관련되어 있습니다. 또한 도형을 다루는 경험으로부터 비롯되는 공간감각은 수학적 소양을 기르는 데 도움이 됩니다.

'측정' 영역에서는 시간, 길이, 들이, 무게, 각도, 넓이, 부피 등 다양한 속성의 측정과 어림을 다룹니다. 우리 생활 주변의 측정 과정에서 경험하는 양의 비교, 측정, 어림은 수학 학습을 통해 길러야 할 중요한 기능이고, 이는 실생활이나 타 교과의 학습에서 유용하게 활용되며, 또한 측정을 통해 길러지는 양감은 수학적 소양을 기르는 데 도움이 됩니다.

이 책의 특징

1. 부족한 부분에 대한 집중 연습이 가능

도형·측정 영역은 직관적으로 쉽다고 느끼는 아이들도 있지만, 많은 아이들이 수·연산 영역에 비해 많이 어려워합니다.

길이, 무게, 넓이 등의 여러 속성을 비교하거나 어림해야 할 때는 섬세한 양감능력이 필요하고, 입체도형의 겉넓이나 부피를 구해야 할 때는 도형의 속성, 전개도의 이해는 물론 계산능력까지도 필요합니다. 도형을 돌리거나 뒤집는 대칭이동을 알아볼 때는 실제 해본 경험을 토대로 하여 형성된 추론능력이 필요하기도 합니다.

다른 여러 영역에 비해 도형·측정 영역은 이렇게 종합적이고 논리적인 사고와 직관력을 동시에 필요로 하기 때문에 문제 상황에 익숙해지기까지는 당황스러울 수밖에 없습니다. 하지만 절대 걱정할 필요가 없습니다.

기초부터 차근차근 쌓아 올라가야만 다른 단계로의 확장이 가능한 수·연산 등 다른 영역과 달리, 도형·측정 영역은 각각의 내용들이 독립성 있는 경우가 대부분이어서 부족한 부분만 집중 연습해도 충분히 그 부분의 완성도 있는 학습이 가능하기 때문입니다.

이번에 기탄에서 출시한 기탄영역별수학 도형·측정편으로 부족한 부분을 선택하여 집중적으로 연습해 보세요. 원하는 만큼 실력과 자신감이 쑥쑥 향상됩니다.

2. 학습 부담 없는 알맞은 분량

내게 부족한 부분을 선택해서 집중 연습하려고 할 때, 그 부분의 학습 분량이 너무 많으면 부담 때문에 시작하기조차 힘들 수 있습니다.

무조건 문제 수가 많은 것보다 학습의 흥미도를 떨어뜨리지 않는 범위 내에서 필요한 만큼 충분한 양일 때 학습효과가 가장 좋습니다.

기탄영역별수학 도형·측정편은 다루어야 할 내용을 세분화하여, 한 가지 내용에 대한 학습량도 권당 80쪽, 쪽당 문제 수도 3~8문제 정도로 여유 있게 배치하여 학습 부담을 줄이고 학습효과는 높였습니다.

학습자의 상태를 가장 많이 고민한 책, 기탄영역별수학 도형·측정편으로 미루어 두었던 수학에의 도전을 시작해 보세요.

이 책의 구성

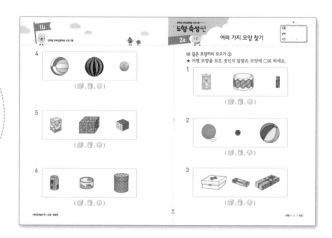

★ 본 학습

제목을 통해 이번 차시에서 학습해야 할 내용이 무엇인지 짚어 보고, 그것을 익히기 위한 최적화된 연습문제를 반복해서 집중적으로 풀어 볼 수 있습니다.

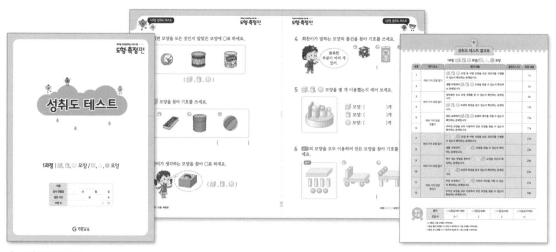

★ 성취도 테스트

성취도 테스트는 본문에서 집중 연습한 내용을 최종적으로 한번 더 확인해 보는 문제들로 구성되어 있습니다. 성취도 테스트를 풀어 본 후, 결과표에 내가 맞은 문제인지 틀린 문제인지 체크를 해가며 각각의 문항을 통해 성취해야 할 학습목표와 학습내용을 짚어 보고, 성취된 부분과 부족한 부분이 무엇인지 확인합니다.

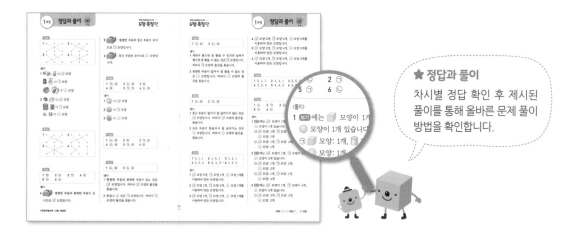

★ 정답과 풀이

차시별 정답 확인 후 제시된 풀이를 통해 올바른 문제 풀이 방법을 확인합니다.

원의 넓이

19
과정

차례

contents

원의 넓이

원주와 지름의 관계

이름 :

날짜 :

시간 :   :   ~   :

🐸 지름과 원주 알기

★ 그림을 보고 ⬚ 안에 알맞은 말을 써넣으세요.

1

원의 ⬚

원의 ⬚

원의 ⬚

2

⬚

원의 ⬚

원의 ⬚

원의 한가운데 있는
점을 원의 중심, 원의
중심을 지나며 원 위의
두 점을 잇는 선분을
원의 지름, 원의 둘레를
원주라고 합니다.

★ 원에 지름을 색연필로 표시해 보세요.

3

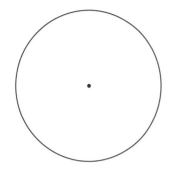

4

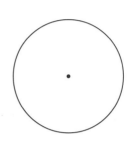

★ 원에 원주를 색연필로 표시해 보세요.

5

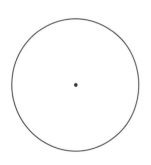

6

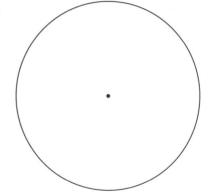

원주와 지름의 관계

이름 :

날짜 :

시간 :　　:　　~　　:

🐸 지름과 원주의 이해

★ 그림을 보고 설명이 맞으면 ○표, 틀리면 ×표 하세요.

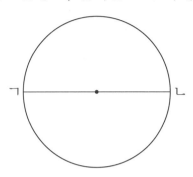

1 선분 ㄱㄴ은 원의 지름입니다.

(　　　　)

2 원의 지름은 원의 중심을 지납니다.

(　　　　)

3 원의 둘레를 원주라고 합니다.

(　　　　)

4 원의 지름이 길어질수록 원주는 짧아집니다.

(　　　　)

★ 그림을 보고 설명이 맞으면 ◯표, 틀리면 ×표 하세요.

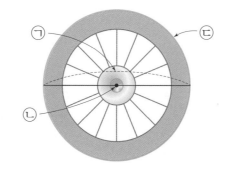

5 ㉠은 이 바퀴의 반지름입니다. ( )

6 이 바퀴의 지름은 항상 ㉡을 지납니다. ( )

7 ㉠이 길어져도 ㉢은 변하지 않습니다. ( )

8 원주는 지름보다 항상 깁니다. ( )

원주와 지름의 관계

🐸 원주의 길이 어림하기

★ 한 변의 길이가 1 cm인 정육각형, 지름이 2 cm인 원, 한 변의 길이가 2 cm
인 정사각형을 보고 물음에 답하세요.

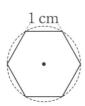

1 cm

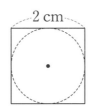

2 cm

1 정육각형의 둘레를 수직선에 표시하고 ☐ 안에 알맞은 수를 써넣으세요.

원의 지름

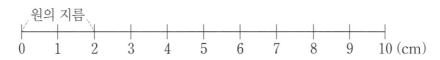

0   1   2   3   4   5   6   7   8   9   10 (cm)

⇨ 정육각형의 둘레는 원의 지름의 ☐ 배입니다.

2 정사각형의 둘레를 수직선에 표시하고 ☐ 안에 알맞은 수를 써넣으세요.

원의 지름

0   1   2   3   4   5   6   7   8   9   10 (cm)

⇨ 정사각형의 둘레는 원의 지름의 ☐ 배입니다.

3 원주가 얼마쯤 될지 ☐ 안에 알맞은 수를 써넣으세요.

원주는 지름의 ☐ 배보다 길고, ☐ 배보다 짧습니다.

★ 다음 원의 원주가 얼마쯤 될지 ☐ 안에 알맞은 수를 써넣으세요.

4

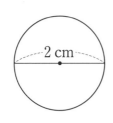

2 cm

(원의 지름)×☐ < (원주)

(원주) < (원의 지름)×☐

⇩

☐ < (원주)

(원주) < ☐

5

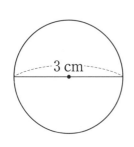

3 cm

(원의 지름)×☐ < (원주)

(원주) < (원의 지름)×☐

⇩

☐ < (원주)

(원주) < ☐

6

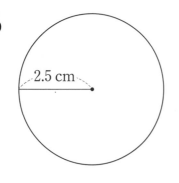

2.5 cm

(원의 지름)×☐ < (원주)

(원주) < (원의 지름)×☐

⇩

☐ < (원주)

(원주) < ☐

원주율

이름 :

날짜 :

시간 :   :   ~   :

🐸 **원주율 구하기 ①**

★ 세 원 조각의 지름과 원주를 재어서 나타낸 것입니다. 물음에 답하세요.

준비물: 계산기

원 조각	원주(cm)	지름(cm)	(원주)÷(지름)
가	12.57	4	
나	18.85	6	
다	31.4	10	

1 표의 빈칸에 들어갈 알맞은 수를 각각 반올림하여 소수 첫째 자리까지 구해 보세요.

(   )

2 표의 빈칸에 들어갈 알맞은 수를 각각 반올림하여 소수 둘째 자리까지 구해 보세요.

(   )

3 원주는 지름의 약 몇 배인지 소수 둘째 자리까지 구해 보세요.

약 (   )배

4 (원주)÷(지름)의 결과에서 보듯 원의 크기와 관계없이 지름에 대한 원주의 비율은 항상 일정한데 이 비율을 무엇이라고 하나요?

(   )

19과정 원의 넓이

★ 다음은 세 원 조각의 지름 또는 반지름과 원주를 재어서 나타낸 것입니다. 물음에 답하세요. 준비물: 계산기

원 조각	반지름(cm)	지름(cm)	원주(cm)	원주율
가	2	㉠	12.57	
나	㉡	7	22	
다	8	㉢	50.26	

5 표의 ㉠, ㉡, ㉢에 들어갈 알맞은 수를 각각 구해 보세요.

㉠ (   ), ㉡ (   ), ㉢ (   )

6 각각의 원주율을 반올림하여 소수 둘째 자리까지 구해 보세요.

(   )

원주율을 소수로 나타내면 3.1415926535897932……와 같이 끝없이 계속되므로 필요에 따라 3, 3.1, 3.14 등으로 어림하여 사용하기도 합니다.

7 ▢ 안에 알맞은 수를 써넣으세요.

원의 크기와 상관없이 원주율은 항상
자연수까지 나타내면 ▢,
소수 첫째 자리까지 나타내면 ▢,
소수 둘째 자리까지 나타내면 ▢ 입니다.

원주율

🐸 원주율 구하기 ②

★ 주어진 조건을 보고 원주율을 반올림하여 소수 첫째 자리까지 구해 보세요.

준비물: 계산기

1

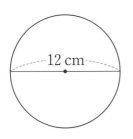

12 cm

원주: 37.7 cm

(   )

2

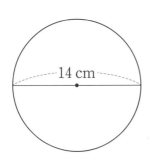

14 cm

원주: 43.98 cm

(   )

3

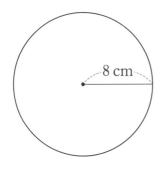

8 cm

원주: 50.27 cm

(   )

★ 주어진 조건을 보고 원주율을 반올림하여 소수 둘째 자리까지 구해 보세요.

준비물: 계산기

4 지름이 6 cm이고 원주가 18.85 cm인 원의 원주율

(   )

5 지름이 11 cm이고 원주가 34.56 cm인 원의 원주율

(   )

6 지름이 15 cm이고 원주가 47.12 cm인 원의 원주율

(   )

7 반지름이 9 cm이고 원주가 56.55 cm인 원의 원주율

(   )

8 반지름이 12 cm이고 원주가 75.4 cm인 원의 원주율

(   )

원주율

이름 :

날짜 :

시간 :   :   ~   :

🐸 원주율 구하기 ③

★ 그림을 보고 원주율을 구해 보세요.(반올림하여 소수 첫째, 둘째 자리까지 구해 보세요.) 준비물: 계산기

1

60 cm

원주: 188.5 cm

	원주율
소수 첫째 자리까지	
소수 둘째 자리까지	

2

4 cm

원주: 25.15 cm

	원주율
소수 첫째 자리까지	
소수 둘째 자리까지	

3

15 cm

원주: 94.25 cm

	원주율
소수 첫째 자리까지	
소수 둘째 자리까지	

영역별 반복집중학습 프로그램

★ 주어진 물건의 원주율을 구해 보세요.(반올림하여 소수 첫째, 둘째 자리까지 구해 보세요.) 준비물: 계산기

4 지름이 20 cm이고 둘레가 62.83 cm인 원 모양의 벽시계

	원주율
소수 첫째 자리까지	
소수 둘째 자리까지	

5 반지름이 9 cm이고 둘레가 56.55 cm인 원 모양의 접시

	원주율
소수 첫째 자리까지	
소수 둘째 자리까지	

6 반지름이 14 cm이고 둘레가 88 cm인 원 모양의 파이

	원주율
소수 첫째 자리까지	
소수 둘째 자리까지	

기탄영역별수학 | 도형·측정편

도형·측정편

7a

원주와 지름 구하기

이름 :

날짜 :

시간 :   :   ~   :

🐸 원주율을 이용하여 원주 구하기 ①

★ 원주를 구하려고 합니다. ☐ 안에 알맞은 수를 써넣으세요. (원주율: 3.14)

준비물: 계산기

1

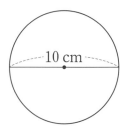

10 cm

(원주)=(지름)×(원주율)

= ☐ ×3.14

= ☐ (cm)

2

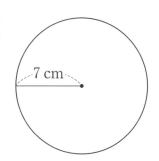

7 cm

(원주)=(반지름)× ☐ ×(원주율)

= ☐ × ☐ ×3.14

= ☐ (cm)

3

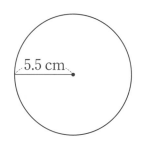

5.5 cm

(원주)=(반지름)× ☐ ×(원주율)

= ☐ × ☐ ×3.14

= ☐ (cm)

 영역별 반복집중학습 프로그램

★ 다음을 구해 보세요. (원주율: 3.14) 준비물: 계산기

4 지름이 20 cm인 원의 원주

(원주)=(지름)×(원주율)

$$= \boxed{} \times 3.14$$

$$= \boxed{} \text{(cm)}$$

5 지름이 17 cm인 원의 원주

(원주)=(지름)×(원주율)

$$= \boxed{} \times 3.14$$

$$= \boxed{} \text{(cm)}$$

6 반지름이 13 cm인 원의 원주

(원주)=(반지름)×$\boxed{}$×(원주율)

$$= \boxed{} \times \boxed{} \times 3.14$$

$$= \boxed{} \text{(cm)}$$

영역별 반복집중학습 프로그램

도형·측정편 8a

원주와 지름 구하기

이름 :

날짜 :

시간 :   :   ~   :

🐸 원주율을 이용하여 원주 구하기 ②

★ 그림을 보고 원주를 구해 보세요.(원주율: 3.1)

1

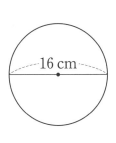

16 cm

◻ cm

2

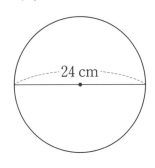

24 cm

◻ cm

3

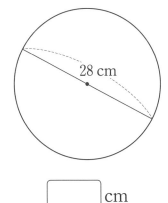

28 cm

◻ cm

4

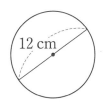

12 cm

◻ cm

★ 그림을 보고 원주를 구해 보세요.(원주율: 3.1)

5

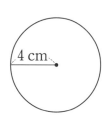

4 cm

☐ cm

6

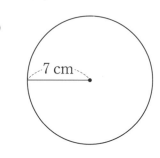

7 cm

☐ cm

7

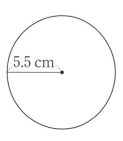

5.5 cm

☐ cm

8

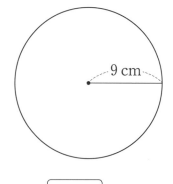

9 cm

☐ cm

도형·측정편

9a

원주와 지름 구하기

이름 :

날짜 :

시간 :   :   ~   :

🐸 원주율을 이용하여 지름 구하기

★ 원주가 다음과 같을 때 ☐ 안에 알맞은 수나 말을 써넣으세요. (원주율: 3)

1

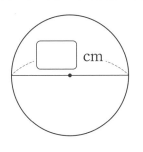

☐ cm

원주: 30 cm

(원주)÷(지름)=(원주율)

⇨ (지름)=(원주)÷(원주율)

=☐÷☐=☐ (cm)

2

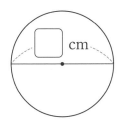

☐ cm

원주: 24 cm

(원주)÷(지름)=(원주율)

⇨ (지름)=(☐)÷(☐)

=☐÷☐=☐ (cm)

3

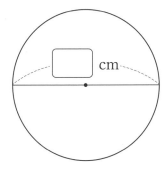

☐ cm

원주: 45 cm

(원주)÷(지름)=(원주율)

⇨ (지름)=(☐)÷(☐)

=☐÷☐=☐ (cm)

★ 원주가 다음과 같을 때 ☐ 안에 알맞은 수를 써넣으세요. (원주율: 3)

4

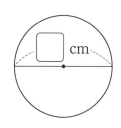

☐ cm

원주: 18 cm

5

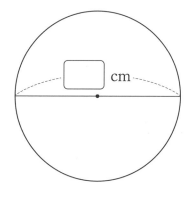

☐ cm

원주: 66 cm

6

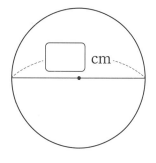

☐ cm

원주: 36 cm

7

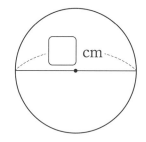

☐ cm

원주: 27 cm

원주와 지름 구하기

이름 :

날짜 :

시간 : : ~ :

🐸 원주율을 이용하여 반지름 구하기

★ 원주가 다음과 같을 때 ☐ 안에 알맞은 수나 말을 써넣으세요.(원주율: 3)

1

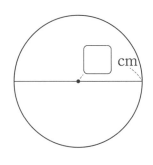

☐ cm

원주: 54 cm

(원주)÷(지름)=(원주율)

➡ (반지름)=(☐ 원주 ☐)÷(☐ 원주율 ☐)÷2

= ☐ ÷ ☐ ÷2= ☐ (cm)

2

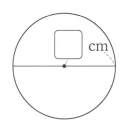

☐ cm

원주: 18 cm

(원주)÷(지름)=(원주율)

➡ (반지름)=(☐)÷(☐)÷2

= ☐ ÷ ☐ ÷2= ☐ (cm)

3

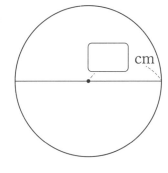

☐ cm

원주: 60 cm

(원주)÷(지름)=(원주율)

➡ (반지름)=(☐)÷(☐)÷2

= ☐ ÷ ☐ ÷2= ☐ (cm)

★ 원주가 다음과 같을 때 ☐ 안에 알맞은 수를 써넣으세요.(원주율: 3)

4

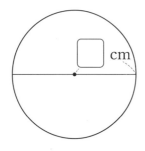

☐ cm

원주: 48 cm

5

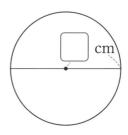

☐ cm

원주: 36 cm

6

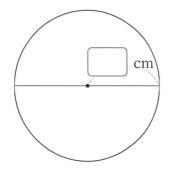

☐ cm

원주: 66 cm

7

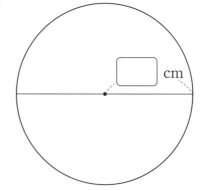

☐ cm

원주: 90 cm

도형·측정편

11a

원주와 지름 구하기

이름 :

날짜 :

시간 :   :   ~   :

🐸 주어진 물건의 원주 구하기

1 지름이 30 cm인 피자가 있습니다. 이 피자의 둘레를 구해 보세요.(원주율: 3.14)

(   ) cm

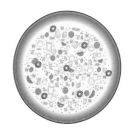

2 지름이 48 cm인 자동차 바퀴가 있습니다. 이 바퀴의 둘레를 구해 보세요.(원주율: 3.1)

(   ) cm

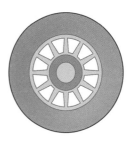

3 과녁판의 가장 바깥쪽 원의 지름은 122 cm입니다. 이 과녁판의 가장 바깥쪽 원의 원주를 구해 보세요.(원주율: 3)

(   ) cm

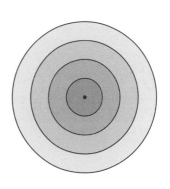

4 반지름이 30 cm인 교통표지판이 있습니다. 이 교통표지판의 둘레를 구해 보세요. (원주율: 3.14)

(   ) cm

5 반지름이 5 m인 원 모양의 화단이 있습니다. 이 화단의 둘레를 구해 보세요.

(원주율: 3.14)

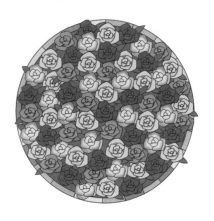

(   ) m

6 반지름이 12 cm인 탬버린이 있습니다. 이 탬버린의 둘레를 구해 보세요. (원주율: 3.1)

(   ) cm

원주와 지름 구하기

🐸 주어진 물건의 지름, 반지름 구하기

1 500원짜리, 100원짜리, 10원짜리 동전의 둘레를 재었더니 다음과 같았습니다. 각각의 동전의 지름을 구해서 빈칸에 써넣으세요. (원주율: 3.14)

준비물: 계산기

	둘레(cm)	지름(cm)
	8.321	
	7.536	
	5.652	

2 길이가 93 cm인 색 띠를 겹치지 않게 붙여서 원을 만들었습니다. 만들어진 원의 지름을 구해 보세요. (원주율: 3.1)

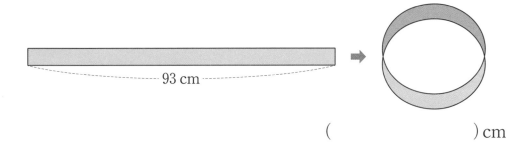

93 cm

(   ) cm

3 길이가 18 cm, 36 cm, 54 cm인 색 띠 3개를 각각 겹치지 않게 붙여서 원을 만들었습니다. 빈칸에 알맞은 수를 써넣으세요. (원주율: 3)

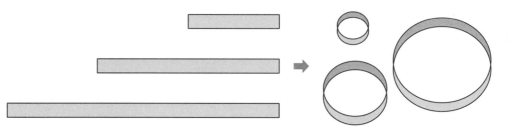

색 띠의 길이(cm)	원주(cm)	반지름(cm)
18		
36		
54		

4 둘레가 155 cm인 수레바퀴의 반지름을 구해 보세요.
(원주: 3.1)

(   ) cm

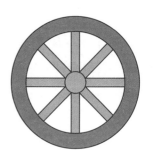

원주와 지름 구하기

이름 :
날짜 :
시간 :   :   ~   :

🐸 원의 크기 비교 ①

★ 원의 크기를 비교하여 ○ 안에 >, =, <를 알맞게 써넣으세요.

(원주율: 3.1)

1 | 지름이 5 cm인 원 | ○ | 원주가 18.6 cm인 원

지름이 길수록, 또는 원주가 길수록 큰 원이므로 둘다 지름, 또는 둘다 원주인 조건으로 바꾸어 비교하면 쉽습니다.

2 | 지름이 12 cm인 원 | ○ | 원주가 34.1 cm인 원

3 | 원주가 27.9 cm인 원 | ○ | 지름이 10 cm인 원

4 | 지름이 18 cm인 원 | ○ | 원주가 49.6 cm인 원

5 | 원주가 74.4 cm인 원 | ○ | 지름이 24 cm인 원

★ 원의 크기를 비교하여 더 큰 원의 기호를 써 보세요.(원주율: 3.14)

준비물: 계산기

6
⊙ 지름이 14 cm인 원
ⓒ 원주가 47.1 cm인 원

(   )

7
⊙ 반지름이 5 cm인 원
ⓒ 원주가 28.26 cm인 원

(   )

8
⊙ 지름이 9 cm인 원
ⓒ 원주가 25.12 cm인 원

(   )

9
⊙ 반지름이 11 cm인 원
ⓒ 원주가 75.36 cm인 원

(   )

원주와 지름 구하기

🐸 원의 크기 비교 ②

★ 큰 원부터 차례로 기호를 써 보세요.(원주율: 3.1)

1
> ㉠ 지름이 6 cm인 원
> ㉡ 원주가 24.8 cm인 원
> ㉢ 반지름이 2.5 cm인 원

(   )

2
> ㉠ 반지름이 7 cm인 원
> ㉡ 원주가 40.3 cm인 원
> ㉢ 지름이 15 cm인 원

(   )

3
> ㉠ 원주가 62 cm인 원
> ㉡ 지름이 18 cm인 원
> ㉢ 반지름이 8.5 cm인 원

(   )

4
> ㉠ 지름이 16 cm인 원
> ㉡ 원주가 43.4 cm인 원
> ㉢ 반지름이 6.5 cm인 원

(   )

★ 가장 큰 원의 기호를 써 보세요. (원주율: 3.14) 준비물: 계산기

5

| ㉠ 지름이 5 cm인 원 | ㉡ 원주가 18.84 cm인 원 |
| ㉢ 원주가 12.56 cm인 원 | ㉣ 반지름이 2 cm인 원 |

(   )

6

| ㉠ 지름이 11 cm인 원 | ㉡ 원주가 28.26 cm인 원 |
| ㉢ 원주가 40.82 cm인 원 | ㉣ 반지름이 6 cm인 원 |

(   )

7

| ㉠ 지름이 9 cm인 원 | ㉡ 원주가 25.12 cm인 원 |
| ㉢ 원주가 34.54 cm인 원 | ㉣ 반지름이 5 cm인 원 |

(   )

8

| ㉠ 지름이 25 cm인 원 | ㉡ 원주가 62.8 cm인 원 |
| ㉢ 원주가 75.36 cm인 원 | ㉣ 반지름이 11.5 cm인 원 |

(   )

영역별 반복집중학습 프로그램

도형·측정편

15a

원의 넓이 어림

이름 :

날짜 :

시간 : : ~ :

🐸 정사각형 2개 사이에 낀 원의 넓이 어림하기 ①

★ 반지름이 5 cm인 원의 넓이를 어림해 보려고 합니다. ☐ 안에 알맞은 수를 써넣으세요.

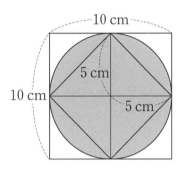

1 반지름이 5 cm인 원의 넓이와 원 안의 정사각형의 넓이를 비교해 보세요.

   (원 안의 정사각형의 넓이)＝(마름모의 넓이)

   $=10\times$ ☐ $\div2=$ ☐ (cm^2)

   ☐ $cm^2<$ (원의 넓이)

2 반지름이 5 cm인 원의 넓이와 원 밖의 정사각형의 넓이를 비교해 보세요.

   (원 밖의 정사각형의 넓이)＝$10\times$ ☐ ＝ ☐ (cm^2)

   (원의 넓이)＜ ☐ cm^2

3 반지름이 5 cm인 원의 넓이는 얼마와 얼마 사이라고 생각하나요?

   ☐ $cm^2<$ (원의 넓이)

   (원의 넓이)＜ ☐ cm^2

★ 반지름이 6 cm인 원의 넓이를 어림해 보려고 합니다. ☐ 안에 알맞은 수를 써넣으세요.

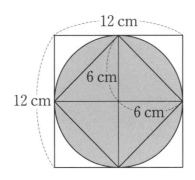

4 반지름이 6 cm인 원의 넓이와 원 안의 정사각형의 넓이를 비교해 보세요.

(원 안의 정사각형의 넓이)=(마름모의 넓이)

$$=12 \times \boxed{} \div 2 = \boxed{} \ (\text{cm}^2)$$

$$\boxed{} \ \text{cm}^2 < (\text{원의 넓이})$$

5 반지름이 6 cm인 원의 넓이와 원 밖의 정사각형의 넓이를 비교해 보세요.

$$(\text{원 밖의 정사각형의 넓이})=12 \times \boxed{} = \boxed{} \ (\text{cm}^2)$$

$$(\text{원의 넓이}) < \boxed{} \ \text{cm}^2$$

6 반지름이 6 cm인 원의 넓이는 얼마와 얼마 사이라고 생각하나요?

$$\boxed{} \ \text{cm}^2 < (\text{원의 넓이})$$

$$(\text{원의 넓이}) < \boxed{} \ \text{cm}^2$$

도형·측정편

16a

원의 넓이 어림

이름 :

날짜 :

시간 :   :   ~   :

🐸 정사각형 2개 사이에 낀 원의 넓이 어림하기 ②

★ 정사각형 2개 사이에 낀 주어진 원의 넓이를 어림해 보려고 합니다. ◻ 안에 알맞은 수를 써넣으세요.

1

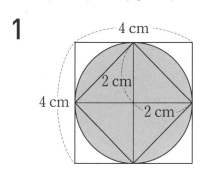

◻ cm² < (원의 넓이)

(원의 넓이) < ◻ cm²

2

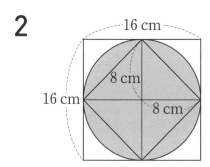

◻ cm² < (원의 넓이)

(원의 넓이) < ◻ cm²

3

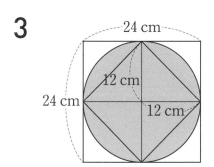

◻ cm² < (원의 넓이)

(원의 넓이) < ◻ cm²

★ 정사각형 2개 사이에 낀 원의 넓이를 어림해 보려고 합니다. ☐ 안에 알맞은
수를 써넣으세요.

4

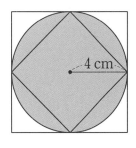
4 cm

☐ cm² < (원의 넓이)

(원의 넓이) < ☐ cm²

5

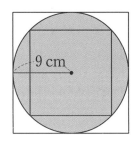
9 cm

☐ cm² < (원의 넓이)

(원의 넓이) < ☐ cm²

6

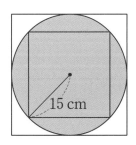
15 cm

☐ cm² < (원의 넓이)

(원의 넓이) < ☐ cm²

원의 넓이 어림

이름 :

날짜 :

시간 :   :   ~   :

🐸 모눈의 수를 세어 원의 넓이 어림하기 ①

★ 반지름이 5 cm인 원의 넓이를 어림해 보려고 합니다. 물음에 답하세요.

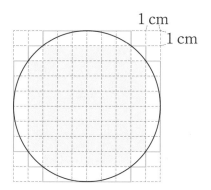

1 cm
1 cm

1 원 안에 색칠한 모눈을 모두 세어 보세요.

(   )개

2 초록색 선 안에 있는 모눈을 모두 세어 보세요.

(   )개

3 반지름이 5 cm인 원의 넓이는 얼마와 얼마 사이라고 생각하나요?

$\boxed{} \text{cm}^2 <$ (원의 넓이)

(원의 넓이) $< \boxed{} \text{cm}^2$

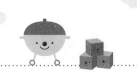

★ 반지름이 10 cm인 원의 넓이를 어림해 보려고 합니다. 물음에 답하세요.

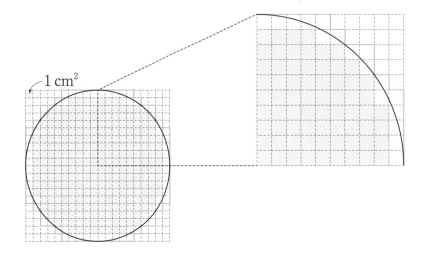

1 cm²

4 원 안에 색칠한 모눈을 모두 세어 보세요.

(   )개

5 초록색 선 안에 있는 모눈을 모두 세어 보세요.

(   )개

6 반지름이 10 cm인 원의 넓이는 얼마와 얼마 사이라고 생각하나요?

$$\boxed{} \text{cm}^2 < (\text{원의 넓이})$$

$$(\text{원의 넓이}) < \boxed{} \text{cm}^2$$

도형·측정편

18a

원의 넓이 어림

🐸 모눈의 수를 세어 원의 넓이 어림하기 ②

★ 모눈의 수를 세어 원의 넓이를 어림해 보려고 합니다. ☐ 안에 알맞은 수를
써넣으세요.

1

1 cm
1 cm

☐ cm^2 < (원의 넓이)

(원의 넓이) < ☐ cm^2

2

1 cm
1 cm

☐ cm^2 < (원의 넓이)

(원의 넓이) < ☐ cm^2

3

1 cm
1 cm

☐ cm^2 < (원의 넓이)

(원의 넓이) < ☐ cm^2

★ 모눈의 수를 세어 원의 넓이를 어림해 보려고 합니다. ◻ 안에 알맞은 수를 써넣으세요.

4

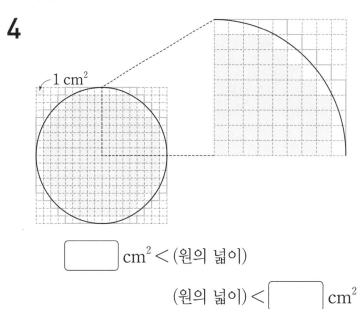

◻ cm² < (원의 넓이)

(원의 넓이) < ◻ cm²

5

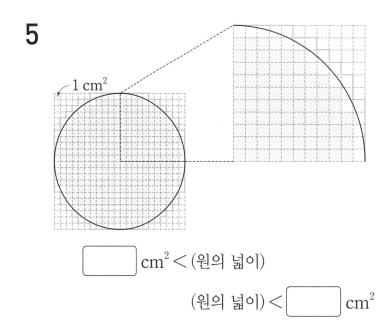

◻ cm² < (원의 넓이)

(원의 넓이) < ◻ cm²

원의 넓이 어림

이름 :

날짜 :

시간 :   :   ~   :

🐸 여러 가지 방법으로 원의 넓이 어림하기 ①

★ 원 안의 정육각형과 원 밖의 정육각형의 넓이를 이용하여 원의 넓이를 어림해 보려고 합니다. 물음에 답하세요.

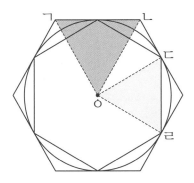

1 삼각형 ㄱㅇㄴ의 넓이가 20 cm²라면 원 밖의 정육각형의 넓이는 얼마인가요?

(   ) cm²

2 삼각형 ㄷㅇㄹ의 넓이가 15 cm²라면 원 안의 정육각형의 넓이는 얼마인가요?

(   ) cm²

3 원의 넓이는 얼마와 얼마 사이라고 생각하나요?

$\boxed{}$ cm² < (원의 넓이)

(원의 넓이) < $\boxed{}$ cm²

★ 원 안의 정사각형과 원 밖의 정사각형의 넓이를 이용하여 원의 넓이를 어림해 보려고 합니다. 물음에 답하세요.

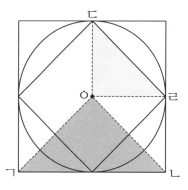

4 삼각형 ㄱㅇㄴ의 넓이가 48 cm^2라면 원 밖의 정사각형의 넓이는 얼마인가요?

(   ) cm^2

5 삼각형 ㄷㅇㄹ의 넓이가 24 cm^2라면 원 안의 정사각형의 넓이는 얼마인가요?

(   ) cm^2

6 원의 넓이는 얼마와 얼마 사이라고 생각하나요?

$\boxed{} \text{cm}^2 <$ (원의 넓이)

(원의 넓이) $< \boxed{} \text{cm}^2$

도형·측정편

20a

원의 넓이 어림

🐸 여러 가지 방법으로 원의 넓이 어림하기 ②

★ 원 안의 정육각형과 원 밖의 정육각형의 넓이를 이용하여 원의 넓이를 어림 해 보려고 합니다. ⬭ 안에 알맞은 수를 써넣으세요.

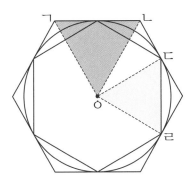

	삼각형 ㄱㅇㄴ의 넓이	삼각형 ㄷㅇㄹ의 넓이	원의 넓이 어림
1	$16\,\text{cm}^2$	$12\,\text{cm}^2$	⬭ cm^2와 ⬭ cm^2 사이
2	$28\,\text{cm}^2$	$21\,\text{cm}^2$	⬭ cm^2와 ⬭ cm^2 사이
3	$44\,\text{cm}^2$	$33\,\text{cm}^2$	⬭ cm^2와 ⬭ cm^2 사이
4	$80\,\text{cm}^2$	$60\,\text{cm}^2$	⬭ cm^2와 ⬭ cm^2 사이

★ 원 안의 정사각형과 원 밖의 정사각형의 넓이를 이용하여 원의 넓이를 어림해 보려고 합니다. ☐ 안에 알맞은 수를 써넣으세요.

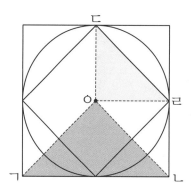

	삼각형 ㄱㅇㄴ의 넓이	삼각형 ㄷㅇㄹ의 넓이	원의 넓이 어림
5	28 cm²	14 cm²	☐ cm²와 ☐ cm² 사이
6	42 cm²	21 cm²	☐ cm²와 ☐ cm² 사이
7	60 cm²	30 cm²	☐ cm²와 ☐ cm² 사이
8	72 cm²	36 cm²	☐ cm²와 ☐ cm² 사이

영역별 반복집중학습 프로그램

원의 넓이 구하기

이름 :

날짜 :

시간 : : ~ :

🐸 원의 넓이 구하는 방법 ①

1 원을 다음과 같이 잘게 잘라 이어 붙여 보았습니다. 한없이 잘게 잘라 이어
붙이면 점점 어떤 도형에 가까워지나요?

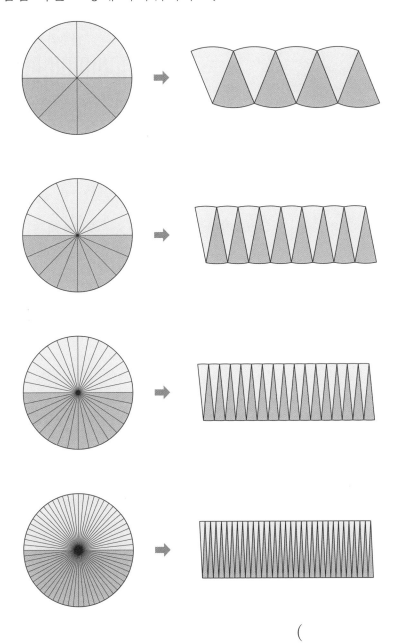

(   )

2 원을 잘게 잘라서 다음과 같이 이어 붙였습니다. ☐ 안에 알맞은 말을 써넣으세요.

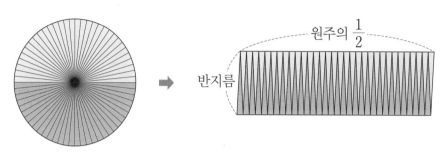

$$(원의 넓이) = (원주의 \frac{1}{2}) \times (반지름)$$

$$= (지름) \times (원주율) \times \frac{1}{2} \times (반지름)$$

$$= (\quad\quad) \times (\quad\quad) \times (원주율)$$

3 ☐ 안에 알맞은 수를 써넣으세요. (원주율: 3.14)

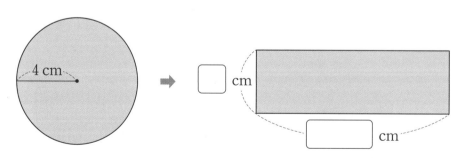

원의 넓이 구하기

🐸 원의 넓이 구하는 방법 ②

★ ☐ 안에 알맞은 수를 써넣으세요. (원주율: 3.14) 준비물: 계산기

1

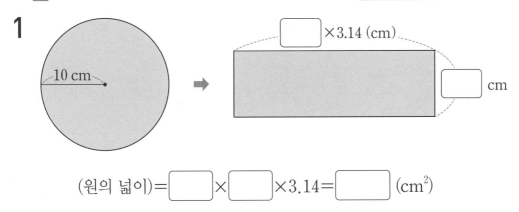

10 cm

☐ ×3.14 (cm)

☐ cm

(원의 넓이) = ☐ × ☐ ×3.14 = ☐ (cm²)

2

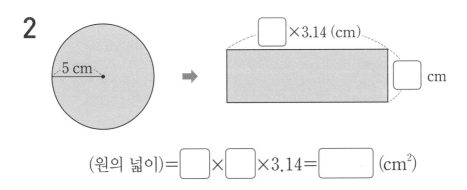

5 cm

☐ ×3.14 (cm)

☐ cm

(원의 넓이) = ☐ × ☐ ×3.14 = ☐ (cm²)

★ ☐ 안에 알맞은 수를 써넣으세요. (원주율: 3.14) 준비물: 계산기

3

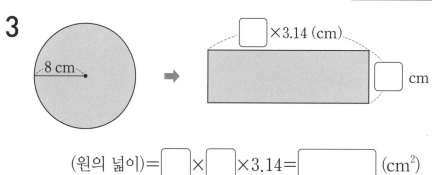

(원의 넓이)=☐×☐×3.14=☐ (cm²)

4

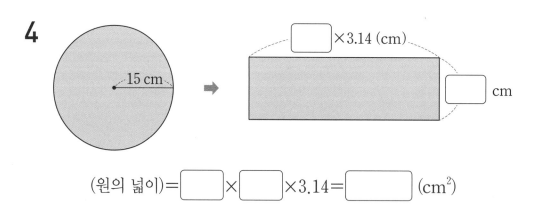

(원의 넓이)=☐×☐×3.14=☐ (cm²)

이와 같이
(원의 넓이)=(반지름)×(반지름)
×(원주율)로 구할 수 있습니다.

원의 넓이 구하기

이름 :

날짜 :

시간 :   :   ~   :

🐸 지름이 주어진 원의 반지름, 넓이 구하기

★ 주어진 원을 보고 빈칸에 알맞은 수를 써넣으세요. (원주율: 3.1)

1

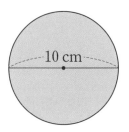

10 cm

반지름(cm)	5
원의 넓이 구하는 식	$5 \times 5 \times 3.1$
원의 넓이(cm^2)	77.5

2

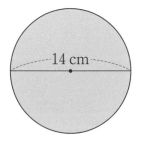

14 cm

반지름(cm)	
원의 넓이 구하는 식	
원의 넓이(cm^2)	

3

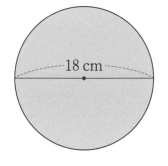

18 cm

반지름(cm)	
원의 넓이 구하는 식	
원의 넓이(cm^2)	

★ 원의 지름을 이용하여 원의 넓이를 구해 보세요. (원주율: 3.14)

준비물: 계산기

4 지름: 20 cm

반지름(cm)	원의 넓이 구하는 식	원의 넓이(cm²)

5 지름: 16 cm

반지름(cm)	원의 넓이 구하는 식	원의 넓이(cm²)

6 지름: 32 cm

반지름(cm)	원의 넓이 구하는 식	원의 넓이(cm²)

원의 넓이 구하기

이름 :

날짜 :

시간 :   :   ~   :

🐸 원의 넓이 구하기 ①

★ 주어진 원의 넓이를 구해 보세요. (원주율: 3.1)

1

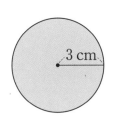

3 cm

$\boxed{} \times \boxed{} \times 3.1$

$= \boxed{\cdot} \ (\text{cm}^2)$

2

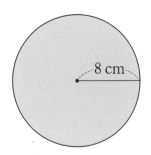

8 cm

$\boxed{} \times \boxed{} \times 3.1$

$= \boxed{} \ (\text{cm}^2)$

3

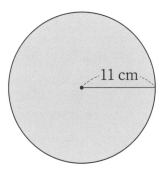

11 cm

$\boxed{} \times \boxed{} \times 3.1$

$= \boxed{} \ (\text{cm}^2)$

4

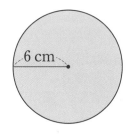

6 cm

$\boxed{} \times \boxed{} \times 3.1$

$= \boxed{} \ (\text{cm}^2)$

★ 주어진 원의 넓이를 구해 보세요. (원주율: 3.1)

5

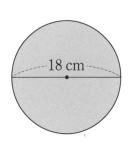

18 cm

☐ × ☐ × 3.1

= ☐ (cm²)

6

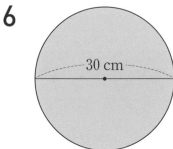

30 cm

☐ × ☐ × 3.1

= ☐ (cm²)

7

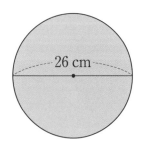

26 cm

☐ × ☐ × 3.1

= ☐ (cm²)

8

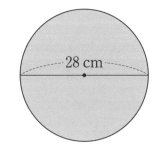

28 cm

☐ × ☐ × 3.1

= ☐ (cm²)

원의 넓이 구하기

🐸 원의 넓이 구하기 ②

★ 주어진 원의 넓이를 구해 보세요. (원주율: 3)

1

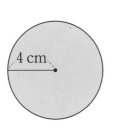
4 cm

□ cm²

2

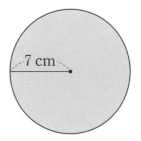
7 cm

□ cm²

3

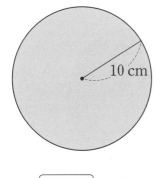
10 cm

□ cm²

4

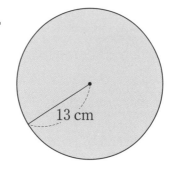
13 cm

□ cm²

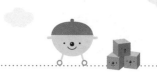

★ 주어진 원의 넓이를 구해 보세요. (원주율: 3)

5

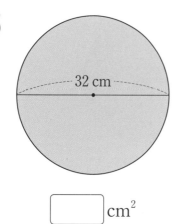

32 cm

[　　　] cm²

6

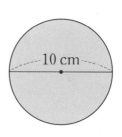

10 cm

[　　　] cm²

7

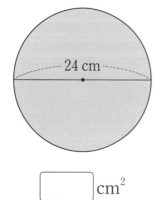

24 cm

[　　　] cm²

8

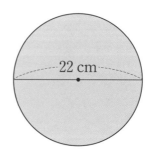

22 cm

[　　　] cm²

원의 넓이 구하기

이름 :

날짜 :

시간 :   :   ~   :

🐸 원의 넓이 구하기 ③

★ 주어진 원의 넓이를 구해 보세요.(원주율: 3)

1 반지름이 5 cm인 원

(   ) cm²

2 지름이 16 cm인 원

(   ) cm²

3 반지름이 12 cm인 원

(   ) cm²

4 지름이 20 cm인 원

(   ) cm²

5 반지름이 9 cm인 원

(   ) cm²

★ 주어진 원의 넓이를 구해 보세요. (원주율: 3)

6 | 반지름이 14 cm인 원 |

(   ) cm^2

7 | 지름이 8 cm인 원 |

(   ) cm^2

8 | 반지름이 6 cm인 원 |

(   ) cm^2

9 | 지름이 32 cm인 원 |

(   ) cm^2

10 | 지름이 26 cm인 원 |

(   ) cm^2

원의 넓이 구하기

🐸 원의 넓이 구하기 ④

★ 다음 끈을 반지름으로 하여 그린 원의 넓이를 구해 보세요. (원주율: 3)

1 13 cm

(   ) cm²

2 8 cm

(   ) cm²

3 20 cm

(   ) cm²

4 17 cm

(   ) cm²

★ 각각 끈 가와 끈 나를 반지름으로 하여 원을 그렸을 때, 두 원의 넓이의 차를 구해 보세요.(원주율: 3)

5

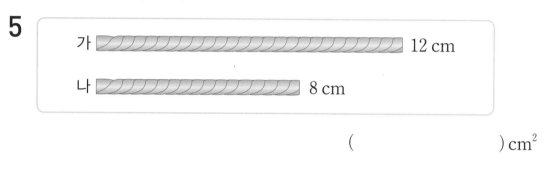

가 ⬛⬛⬛ 12 cm

나 ⬛⬛ 8 cm

(   ) cm^2

6

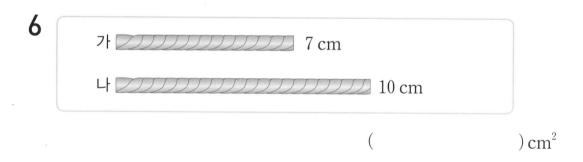

가 ⬛⬛ 7 cm

나 ⬛⬛⬛ 10 cm

(   ) cm^2

7

가 ⬛ 5 cm

나 ⬛ 6 cm

(   ) cm^2

원의 넓이 구하기

🐸 원의 넓이 구하기 ⑤

★ 다음 정사각형 안에 들어갈 수 있는 가장 큰 원의 넓이를 구해 보세요.

(원주율: 3)

1

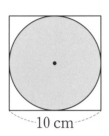

10 cm

☐ cm²

2

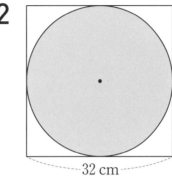

32 cm

☐ cm²

3

18 cm

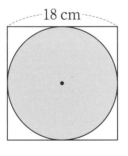

☐ cm²

4

28 cm

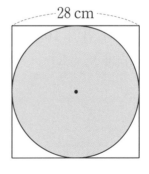

☐ cm²

★ 물음에 답하세요.(원주율: 3)

5 한 변의 길이가 12 cm인 정사각형 안에 들어갈 수 있는 가장 큰 원의 넓이
를 구해 보세요.

(   ) cm^2

6 한 변의 길이가 24 cm인 정사각형 안에 들어갈 수 있는 가장 큰 원의 넓이
를 구해 보세요.

(   ) cm^2

7 네 변의 길이의 합이 104 cm인 정사각형 안에 들어갈 수 있는 가장 큰 원
의 넓이를 구해 보세요.

(   ) cm^2

8 네 변의 길이의 합이 128 cm인 정사각형 안에 들어갈 수 있는 가장 큰 원
의 넓이를 구해 보세요.

(   ) cm^2

원의 넓이 구하기

🐸 원의 넓이 구하기 ⑥

★ ☐ 안에 알맞은 수를 써넣고, 주어진 원의 넓이를 구해 보세요. (원주율: 3)

1

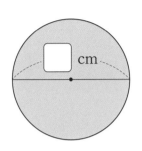

원주: 24 cm

☐ cm²

2

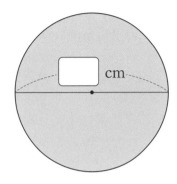

원주: 66 cm

☐ cm²

3

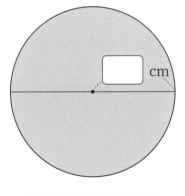

원주: 72 cm

☐ cm²

4

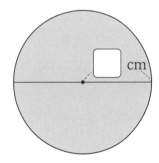

원주: 54 cm

☐ cm²

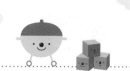

★ 주어진 원의 넓이를 구해 보세요. (원주율: 3.14) 준비물: 계산기

5 원주가 50.24 cm인 원

(   ) cm^2

6 원주가 62.8 cm인 원

(   ) cm^2

7 원주가 94.2 cm인 원

(   ) cm^2

8 원주가 113.04 cm인 원

(   ) cm^2

원의 넓이 구하기

🐸 원의 넓이 비교 ①

★ 주어진 두 원의 넓이를 비교하여 ○ 안에 >, =, <를 알맞게 써넣으세요.

(원주율: 3)

1 넓이가 192 cm²인 원   ◯   반지름이 7 cm인 원

2 반지름이 13 cm인 원   ◯   넓이가 432 cm²인 원

3 넓이가 675 cm²인 원   ◯   반지름이 18 cm인 원

4 반지름이 9 cm인 원   ◯   넓이가 243 cm²인 원

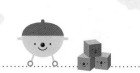

★ 주어진 두 원의 넓이를 비교하여 ○ 안에 >, =, <를 알맞게 써넣으세요.

(원주율: 3)

5 지름이 6 cm인 원 ◯ 넓이가 75 cm^{2}인 원

6 지름이 20 cm인 원 ◯ 넓이가 363 cm^{2}인 원

7 넓이가 147 cm^{2}인 원 ◯ 지름이 16 cm인 원

8 넓이가 867 cm^{2}인 원 ◯ 지름이 32 cm인 원

원의 넓이 구하기

이름 :

날짜 :

시간 :   :   ~   :

🐸 원의 넓이 비교 ②

★ 주어진 두 원의 넓이를 비교하여 넓이가 더 넓은 원의 기호를 써 보세요.

(원주율: 3)

1

⊙ 원주가 30 cm인 원

ⓒ 넓이가 48 cm²인 원

(   )

2

⊙ 원주가 72 cm인 원

ⓒ 넓이가 243 cm²인 원

(   )

3

⊙ 원주가 54 cm인 원

ⓒ 넓이가 300 cm²인 원

(   )

4

⊙ 원주가 108 cm인 원

ⓒ 넓이가 768 cm²인 원

(   )

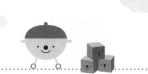

★ 주어진 두 원의 넓이를 비교하여 넓이가 더 넓은 원의 기호를 써 보세요.

(원주율: 3)

5

> ㉠ 반지름이 4 cm인 원
> ㉡ 넓이가 75 cm²인 원

(   )

6

> ㉠ 지름이 14 cm인 원
> ㉡ 넓이가 108 cm²인 원

(   )

7

> ㉠ 넓이가 192 cm²인 원
> ㉡ 원주가 60 cm인 원

(   )

8

> ㉠ 원주가 78 cm인 원
> ㉡ 넓이가 588 cm²인 원

(   )

영역별 반복집중학습 프로그램
도형·측정편

32a

원의 둘레와 넓이의 활용

이름 :

날짜 :

시간 :   :   ~   :

🐸 원의 둘레의 활용 ①

★ 다음 도형에서 색칠한 부분의 둘레를 구하려고 합니다. 물음에 답하세요.

(원주율: 3.14)

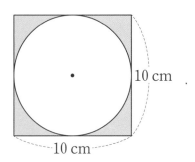

10 cm

10 cm

1 색칠한 부분의 직선 부분의 길이를 구해 보세요.

(직선 부분의 길이)=10×☐=☐(cm)

2 색칠한 부분의 곡선 부분의 길이를 구해 보세요.

(곡선 부분의 길이)=(지름이 10 cm인 원의 원주)

=☐×☐=☐(cm)

3 색칠한 부분의 둘레를 구해 보세요.

(색칠한 부분의 둘레)=(직선 부분의 길이)+(곡선 부분의 길이)

=☐+☐=☐(cm)

★ 다음 도형에서 색칠한 부분의 둘레를 구해 보세요. (원주율: 3)

4

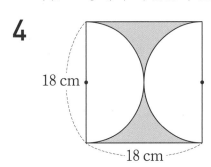

18 cm

18 cm

(   ) cm

5

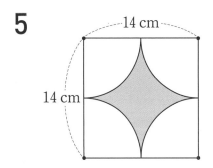

14 cm

14 cm

(   ) cm

6

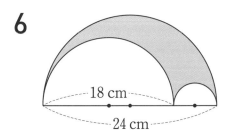

18 cm

24 cm

(   ) cm

원의 둘레와 넓이의 활용

이름 :

날짜 :

시간 :   :   ~   :

🐸 원의 둘레의 활용 ②

★ 지름이 40 cm인 원 모양의 바퀴 자를 사용하여 집에서 지하철역까지의 거리를 알아보려고 합니다. 물음에 답하세요.(원주율: 3.14)

1 바퀴 자가 한 바퀴 돈 거리를 구해 보세요.

(바퀴 자가 한 바퀴 돈 거리)=(지름이 40 cm인 원의 원주)

=☐×☐=☐(cm)

2 집에서 지하철역까지 가는 데 바퀴가 100바퀴 돌았습니다. 바퀴 자가 100바퀴 돈 거리를 구해 보세요.

(바퀴 자가 100바퀴 돈 거리)=(바퀴 자가 한 바퀴 돈 거리)×☐

=☐×☐=☐(cm)

3 집에서 지하철역까지의 거리는 몇 cm인가요?

(   ) cm

★ 물음에 답하세요. (원주율: 3)

4 지름이 20 cm인 원 모양의 바퀴 자를 사용하여 집에서 편의점까지의 거리를 알아보려고 합니다. 바퀴가 50바퀴 돌았다면 집에서 편의점까지의 거리는 몇 cm일까요?

(   ) cm

5 지름이 50 cm인 원 모양의 굴렁쇠를 몇 바퀴 굴렸더니 앞으로 1200 cm만큼 굴러갔습니다. 굴렁쇠를 몇 바퀴 굴린 것일까요?

(   )바퀴

6 장난감 기차가 반지름이 30 cm인 원 모양의 철로 모형을 따라 18 m를 달린 후 멈추었습니다. 장난감 기차는 원 모양의 철로 모형을 몇 바퀴 돈 것일까요?

(   )바퀴

원의 둘레와 넓이의 활용

🐸 원의 둘레의 활용 ③

★ 반지름이 10 cm인 둥근 통들을 다음과 같이 끈으로 묶으려고 합니다. 물음에 답하세요.(끈의 매듭은 생각하지 않습니다.)

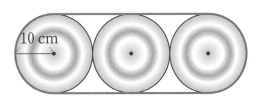

10 cm

1 필요한 끈의 곡선 부분의 길이를 구해 보세요.(원주율: 3.14)

(곡선 부분의 길이)＝(둥근 통 1개의 둘레)

$$=\boxed{}\times2\times\boxed{}=\boxed{}\text{(cm)}$$

2 필요한 끈의 직선 부분의 길이를 구해 보세요.

(직선 부분의 길이)＝(둥근 통의 반지름의 길이)×4×2

$$=\boxed{}\times4\times2=\boxed{}\text{(cm)}$$

3 필요한 끈의 길이를 구해 보세요.

(필요한 끈의 길이)＝(곡선 부분의 길이)＋(직선 부분의 길이)

$$=\boxed{}+\boxed{}=\boxed{}\text{(cm)}$$

★ 둥근 통들을 다음과 같이 끈으로 묶을 때, 필요한 끈의 길이를 구해 보세요.
(끈의 매듭은 생각하지 않고, 원주율은 3입니다.)

4

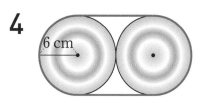

6 cm

(   ) cm

5

10 cm

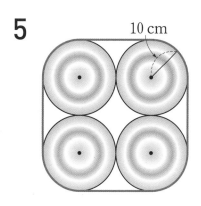

(   ) cm

6

15 cm

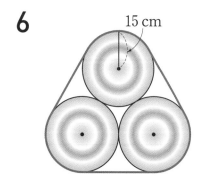

(   ) cm

영역별 반복집중학습 프로그램

도형·측정편

35a

원의 둘레와 넓이의 활용

이름 :

날짜 :

시간 : : ~ :

🐸 원의 둘레의 활용 ④

★ 다음과 같은 운동장 트랙에서 200 m 달리기 경기를 하려고 합니다. 물음에 답하세요.(원주율: 3.14)

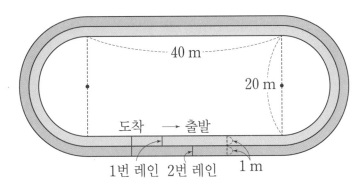

40 m

20 m

도착 → 출발

1번 레인 2번 레인   1 m

1 1번 레인과 2번 레인의 곡선 구간의 거리는 각각 몇 m인가요?

1번 레인 (   ) m

2번 레인 (   ) m

2 출발 위치가 같다면 공정한 경기라고 할 수 있나요?

(   )

3 공정한 경기를 하기 위해서 2번 레인은 1번 레인보다 몇 m 앞에서 출발해야 할까요?

(   ) m

영역별 반복집중학습 프로그램

★ 물음에 답하세요. (원주율: 3)

4 오른쪽과 같이 원통에 끈을 2바퀴 감았습니다. 이 원통의 한 밑면의 반지름이 4.5 cm일 때 감은 끈의 길이는 몇 cm일까요?

(   ) cm

5 오른쪽과 같이 반지름이 12 cm, 6 cm인 두 개의 바퀴가 연결되어 있습니다. 가 바퀴가 10번 돌 때, 나 바퀴는 몇 번 돌까요?

(   )번

가 나

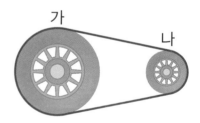

6 오른쪽 트랙의 바깥쪽 둘레는 안쪽 둘레보다 몇 m 더 길까요?

(   ) m

9 m
72 m
75 m

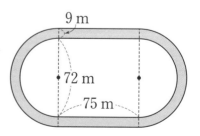

원의 둘레와 넓이의 활용

이름 :

날짜 :

시간 :   :   ~   :

🐸 원의 넓이의 활용 ①

★ 다음 도형에서 색칠한 부분의 넓이를 구하려고 합니다. 물음에 답하세요.

(원주율: 3.14)

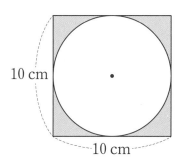

10 cm

10 cm

1 정사각형의 넓이를 구해 보세요.

(정사각형의 넓이)= ☐ × ☐ = ☐ (cm²)

2 원의 넓이를 구해 보세요.

(원의 반지름)=10÷ ☐ = ☐ (cm)

(원의 넓이)= ☐ × ☐ × ☐ = ☐ (cm²)

3 색칠한 부분의 넓이를 구해 보세요.

(색칠한 부분의 넓이)=(정사각형의 넓이)−(원의 넓이)

= ☐ − ☐ = ☐ (cm²)

★ 다음 도형에서 색칠한 부분의 넓이를 구해 보세요. (원주율: 3)

4

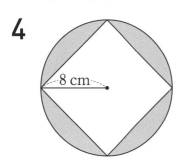

(   ) cm^2

5

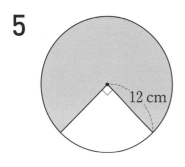

(   ) cm^2

6

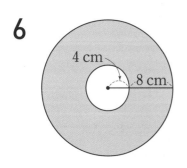

(   ) cm^2

원의 둘레와 넓이의 활용

이름 :

날짜 :

시간 :   :   ~   :

🐸 원의 넓이의 활용 ②

★ 다음 도형에서 색칠한 부분의 넓이를 구해 보세요. (원주율: 3)

1

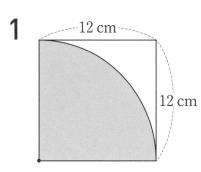

(   ) cm^2

2

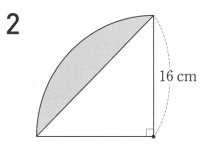

(   ) cm^2

3

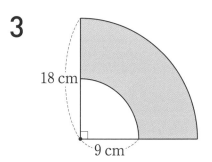

(   ) cm^2

★ 다음 도형에서 색칠한 부분의 넓이를 구해 보세요. (원주율: 3)

4

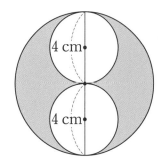

4 cm

4 cm

(   ) cm²

5

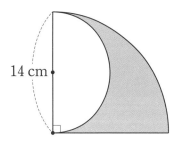

14 cm

(   ) cm²

6

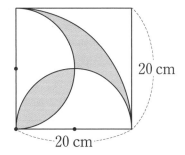

20 cm

20 cm

(   ) cm²

원의 둘레와 넓이의 활용

🐸 원의 넓이의 활용 ③

★ 색칠한 부분의 넓이를 구해 보세요.(원주율: 3)

1

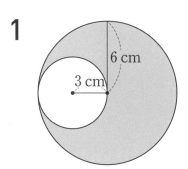

6 cm

3 cm

(   ) cm²

2

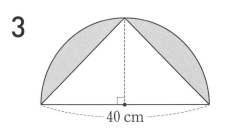

4 cm   8 cm

(   ) cm²

3

40 cm

(   ) cm²

★ 색칠한 부분의 넓이를 구해 보세요. (원주율: 3)

4

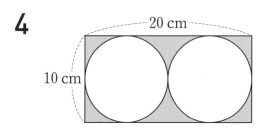

20 cm

10 cm

(   ) cm^2

5

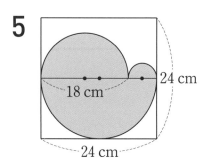

24 cm

18 cm

24 cm

(   ) cm^2

6

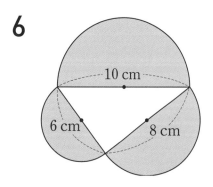

10 cm

6 cm

8 cm

(   ) cm^2

원의 둘레와 넓이의 활용

🐸 원의 넓이의 활용 ④

★ 색칠한 부분의 넓이를 구해 보세요. (원주율: 3)

1

6 cm

9 cm

(   ) cm^2

2

4 cm

(   ) cm^2

3

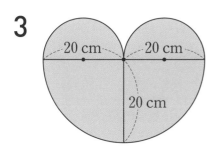

20 cm   20 cm

20 cm

(   ) cm^2

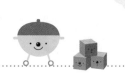

★ 색칠한 부분의 넓이를 구해 보세요.(원주율: 3)

4

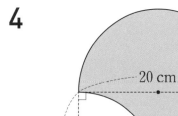

20 cm

10 cm

(   ) cm^2

5

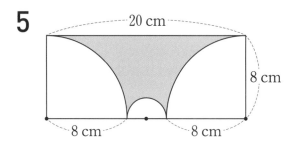

20 cm

8 cm

8 cm   8 cm

(   ) cm^2

6

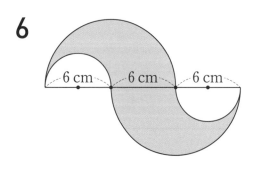

6 cm   6 cm   6 cm

(   ) cm^2

원의 둘레와 넓이의 활용

🐸 원의 넓이의 활용 ⑤

★ 과녁의 중심에 있는 가장 작은 원의 반지름은 15 cm이고, 각 원의 반지름은 안에 있는 원의 반지름보다 10 cm씩 깁니다. 물음에 답하세요.(원주율: 3)

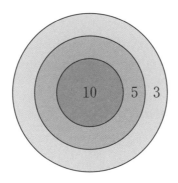

1 10점짜리 과녁판의 넓이는 몇 cm^{2}일까요?

(   ) cm^2

2 3점짜리 과녁판의 넓이는 몇 cm^{2}일까요?

(   ) cm^2

3 5점짜리 과녁판의 넓이는 10점짜리 과녁판의 넓이보다 몇 cm^2 더 넓은가요?

(   ) cm^2

4 두꺼운 종이 2장을 오려서 다음과 같은 모양을 만들었습니다. 겹친 모양의 색칠한 부분의 넓이를 구해 보세요.(원주율: 3)

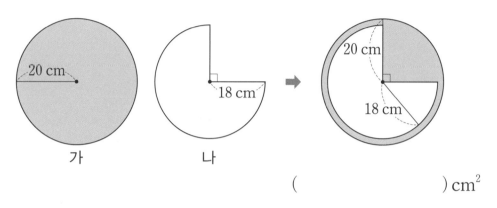

가   나

(   ) cm^2

5 가장 작은 원의 반지름은 5 cm이고, 반지름이 5 cm씩 커지도록 과녁판을 만들었습니다. 가, 나, 다 부분의 넓이는 각각 몇 cm^2인지 구해 보세요.

(원주율: 3)

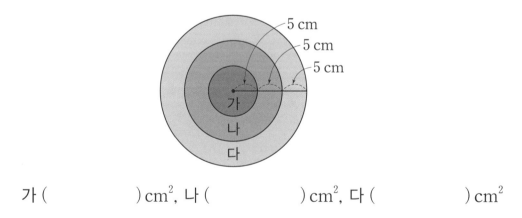

가 (   ) cm^2, 나 (   ) cm^2, 다 (   ) cm^2

이제 원의 넓이에 대한 문제는 걱정 없지요? 혹시 아쉬운 부분이 있다면 그 부분만 좀 더 복습하세요. 수고하셨습니다.

기탄영역별수학
도형·측정편

성취도 테스트

19과정 | 원의 넓이

이름			
실시 연월일	년	월	일
걸린 시간		분	초
오답 수			/ 15

기초부터 탄탄하게
기탄교육

1 원에 대한 설명으로 옳지 않은 것을 찾아 그 기호를 써 보세요.

> ㉠ 원의 지름은 항상 원의 중심을 지납니다.
> ㉡ (원주율)은 (원주)÷(지름)으로 구합니다.
> ㉢ 원의 지름이 길어질수록 원주도 길어집니다.
> ㉣ 원이 커지면 원주율도 커집니다.

(   )

2 주어진 조건을 보고 원주율을 반올림하여 소수 첫째 자리까지 구해 보세요.

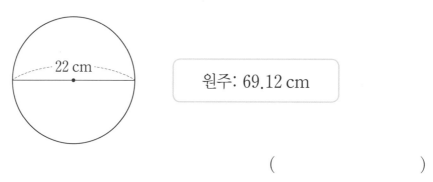

원주: 69.12 cm

(   )

3 원주가 다음과 같을 때 ☐ 안에 알맞은 수를 써넣으세요. (원주율: 3)

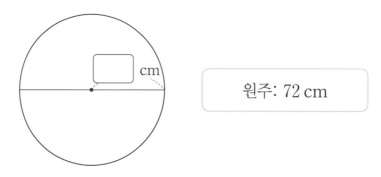

원주: 72 cm

4 원의 크기를 비교하여 더 큰 원의 기호를 써 보세요.(원주율: 3.1)

> ㉠ 지름이 15 cm인 원
> ㉡ 원주가 43.4 cm인 원

(   )

5 반지름이 10 cm인 원의 넓이를 어림해 보려고 합니다. ▢ 안에 알맞은 수를 써넣으세요.

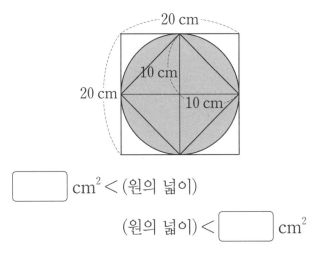

▢ cm² < (원의 넓이)

(원의 넓이) < ▢ cm²

6 ▢ 안에 알맞은 수를 써넣으세요.(원주율: 3.14)

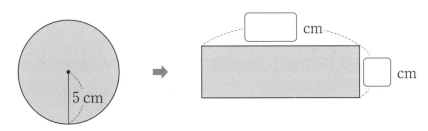

[7~8] 주어진 원의 넓이를 구해 보세요. (원주율: 3)

7

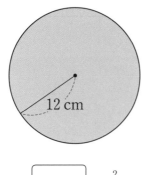

12 cm

□ cm²

8

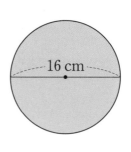

16 cm

□ cm²

9 각각 끈 가와 끈 나를 반지름으로 하여 원을 그렸을 때, 두 원의 넓이의 합을 구해 보세요. (원주율: 3)

가 ▱▱▱▱▱ 6 cm

나 ▱▱▱▱▱▱▱ 9 cm

( ) cm²

10 한 변의 길이가 34 cm인 정사각형 안에 들어갈 수 있는 가장 큰 원의 넓이를 구해 보세요. (원주율: 3)

( ) cm²

11 주어진 원의 넓이를 구해 보세요. (원주율: 3)

원주가 48 cm인 원

(   ) cm^2

[**12~13**] 색칠한 부분의 둘레를 구해 보세요. (원주율: 3)

12

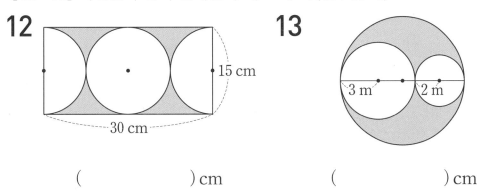

(   ) cm   (   ) cm

[**14~15**] 색칠한 부분의 넓이를 구해 보세요. (원주율: 3)

14

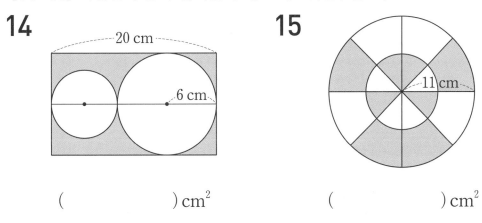

(   ) cm^2 (   ) cm^2

19과정 | 원의 넓이

번호	평가 요소	평가 내용	결과(O, X)	관련 내용
1	원주와 지름의 관계/원주율	지름, 원주, 원주율의 용어를 잘 이해하고 있는지 확인해 보는 문제입니다.		2a/4a
2	원주율	지름과 원주가 주어진 원의 원주율을 구할 수 있는지 확인하는 문제입니다.		5a
3	원주와 지름 구하기	원주율을 이용하여 원주가 주어진 원의 반지름을 구할 수 있는지 확인하는 문제입니다.		10a
4		지름이 주어진 원, 원주가 주어진 원이 있을 때 원주와 지름의 관계를 이용하여 두 원의 크기를 비교하는 문제입니다.		13a
5	원의 넓이 어림	정사각형의 넓이를 이용하여 두 정사각형 사이에 낀 원의 넓이를 어림해 보는 문제입니다.		15a
6	원의 넓이 구하기	원을 잘게 쪼개어 이어 붙였을 때 직사각형에 가까워짐을 이용하여 원의 넓이를 이해하는 문제입니다.		21a
7		반지름이 주어진 원의 넓이를 구하는 문제입니다.		24a
8		지름이 주어진 원의 넓이를 구하는 문제입니다.		24b
9		주어진 길이를 반지름으로 하는 원의 넓이를 각각 구하여 그 합을 구해 보는 문제입니다.		27a
10		정사각형 안에 들어갈 수 있는 가장 큰 원의 넓이를 구하는 문제입니다.		28a
11		원주가 주어진 원의 넓이를 구하는 문제입니다.		29a
12	원의 둘레와 넓이의 활용	직사각형의 세로가 원의 지름임을 알고 원주를 구하여 색칠한 부분의 둘레를 구하는 문제입니다.		32a
13		작은 2개의 원의 지름의 합이 가장 큰 원의 지름임을 알고 각각의 원주를 이용하여 색칠한 부분의 둘레를 구하는 문제입니다.		32b
14		직사각형의 세로가 큰 원의 지름이고, 가로가 큰 원과 작은 원의 지름의 합임을 이용하여 색칠한 부분의 넓이를 구하는 문제입니다.		38b
15		색칠한 부분들을 한쪽으로 모으면 큰 원의 반이 됨을 이용하여 색칠한 부분의 넓이를 구하는 문제입니다.		39a

평가	□ A등급(매우 잘함)	□ B등급(잘함)	□ C등급(보통)	□ D등급(부족함)
오답 수	0~1	2~3	4~5	6~

• A, B등급: 다음 교재를 시작하세요.

• C등급: 틀린 부분을 다시 한번 더 공부한 후, 다음 교재를 시작하세요.

• D등급: 본 교재를 다시 구입하여 복습한 후, 다음 교재를 시작하세요.

정답과 풀이

19과정 | 원의 넓이

1ab

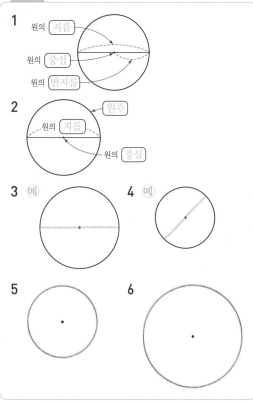

1 원의 지름 / 원의 중심 / 원의 반지름

2 원주 / 원의 지름 / 원의 중심

3 (예) **4** (예)

5 **6**

2ab

1 ○	**2** ○	**3** ○	**4** ×
5 ×	**6** ○	**7** ×	**8** ○

〈풀이〉

4 원의 지름이 길어질수록 원주도 길어집니다.

5 ㉠은 이 바퀴의 지름입니다.

7 원의 지름이 길어지면 원주도 길어지므로
㉠이 길어지면 ㉢도 길어집니다.

3ab

1 원의 지름 ┃━━━━━━━━━┃ , 3
　 0 1 2 3 4 5 6 7 8 9 10 (cm)

2 원의 지름 ┃━━━━━━━━━┃ , 4
　 0 1 2 3 4 5 6 7 8 9 10 (cm)

3 3, 4 　　　　　 **4** 3, 4 / 6, 8

5 3, 4 / 9, 12 　 **6** 3, 4 / 15, 20

4ab

1 3.1, 3.1, 3.1

2 3.14, 3.14, 3.14

3 3.14 　　　　　 **4** 원주율

5 ㉠ 4, ㉡ 3.5, ㉢ 16

6 3.14, 3.14, 3.14 **7** 3, 3.1, 3.14

5ab

1 3.1	**2** 3.1	**3** 3.1
4 3.14	**5** 3.14	**6** 3.14
7 3.14	**8** 3.14	

6ab

1 3.1, 3.14	**2** 3.1, 3.14
3 3.1, 3.14	**4** 3.1, 3.14
5 3.1, 3.14	**6** 3.1, 3.14

7ab

1 10, 31.4	**2** 2, 7, 2, 43.96

3 2, 5.5, 2, 34.54

4 20, 62.8	**5** 17, 53.38

6 2, 13, 2, 81.64

8ab

1 49.6	**2** 74.4	**3** 86.8
4 37.2	**5** 24.8	**6** 43.4
7 34.1	**8** 55.8	

9ab

1 10 / 원주, 원주율 / 30, 3, 10

2 8 / 원주, 원주율 / 24, 3, 8

3 15 / 원주, 원주율 / 45, 3, 15

4 6	**5** 22	**6** 12	**7** 9

10ab

1 9 / 원주, 원주율 / 54, 3, 9
2 3 / 원주, 원주율 / 18, 3, 3
3 10 / 원주, 원주율 / 60, 3, 10
4 8   5 6   6 11   7 15

11ab

1 94.2   2 148.8   3 366
4 188.4 5 31.4   6 74.4

12ab

1 2.65 / 2.4 / 1.8   2 30
3 18, 3 / 36, 6 / 54, 9   4 25

13ab

1 <   2 >   3 <
4 >   5 =   6 ㉡
7 ㉠   8 ㉠   9 ㉡

14ab

1 ㉡, ㉠, ㉢   2 ㉢, ㉠, ㉡
3 ㉠, ㉡, ㉢   4 ㉠, ㉡, ㉢
5 ㉡   6 ㉢   7 ㉢   8 ㉠

15ab

1 10, 50 / 50   2 10, 100 / 100
3 50, 100   4 12, 72 / 72
5 12, 144 / 144   6 72, 144

16ab

1 8, 16   2 128, 256
3 288, 576   4 32, 64
5 162, 324   6 450, 900

17ab

1 60   2 88   3 60, 88
4 276   5 344   6 276, 344

18ab

1 45, 77   2 88, 132
3 120, 172   4 216, 284
5 332, 416

19ab

1 120   2 90   3 90, 120
4 192   5 96   6 96, 192

20ab

1 72, 96   2 126, 168
3 198, 264   4 360, 480
5 56, 112   6 84, 168
7 120, 240   8 144, 288

21ab

1 직사각형   2 반지름, 반지름
3

22ab

1 10, 10 / 10, 10, 314
2 5, 5 / 5, 5, 78.5
3 8, 8 / 8, 8, 200.96
4 15, 15 / 15, 15, 706.5

23ab

1 5 / 5×5×3.1 / 77.5
2 7 / 7×7×3.1 / 151.9
3 9 / 9×9×3.1 / 251.1
4 10 / 10×10×3.14 / 314
5 8 / 8×8×3.14 / 200.96
6 16 / 16×16×3.14 / 803.84

24ab

1 3, 3, 27.9		**2** 8, 8, 198.4	
3 11, 11, 375.1		**4** 6, 6, 111.6	
5 9, 9, 251.1		**6** 15, 15, 697.5	
7 13, 13, 523.9		**8** 14, 14, 607.6	

25ab

1 48	**2** 147	**3** 300
4 507	**5** 768	**6** 75
7 432	**8** 363	

26ab

1 75	**2** 192	**3** 432
4 300	**5** 243	**6** 588
7 48	**8** 108	**9** 768
10 507		

27ab

1 507	**2** 192	**3** 1200
4 867	**5** 240	**6** 153
7 33		

28ab

1 75	**2** 768	**3** 243
4 588	**5** 108	**6** 432
7 507	**8** 768	

29ab

1 8 / 48	**2** 22 / 363
3 12 / 432	**4** 9 / 243
5 200.96	**6** 314
7 706.5	**8** 1017.36

30ab

1 >	**2** >	**3** <	**4** =
5 <	**6** <	**7** <	**8** >

31ab

1 ㉠	**2** ㉠	**3** ㉡	**4** ㉠
5 ㉡	**6** ㉠	**7** ㉡	**8** ㉡

32ab

1 4, 40	**2** 10, 3.14, 31.4
3 40, 31.4, 71.4	**4** 90
5 42	**6** 72

〈풀이〉

4 곡선 부분을 이으면 지름이 18 cm인 원의 원주와 같습니다.
(색칠한 부분의 둘레)
=(직선 부분)+(곡선 부분)
=18×2+18×3=90 (cm)

5 곡선 부분을 모두 이으면 지름이 14 cm인 원의 원주와 같습니다.
(색칠한 부분의 둘레)=14×3=42 (cm)

6 (색칠한 부분의 둘레)
=(가장 큰 원의 원주)×$\frac{1}{2}$+(중간 원의 원주)×$\frac{1}{2}$+(가장 작은 원의 원주)×$\frac{1}{2}$
=24×3×$\frac{1}{2}$+18×3×$\frac{1}{2}$+(24−18)×3×$\frac{1}{2}$
=72 (cm)

33ab

1 40, 3.14, 125.6
2 100 / 125.6, 100, 12560
3 12560
4 3000   **5** 8   **6** 10

〈풀이〉

4 (바퀴 자가 50바퀴 돈 거리)
=(바퀴 자가 한 바퀴 돈 거리)×50
=(20×3)×50=3000 (cm)

5 (굴렁쇠가 한 바퀴 굴러간 거리)
=(굴렁쇠의 원주)=50×3=150 (cm)

(굴렁쇠가 굴러간 바퀴 수)
=(굴러간 거리)÷(굴렁쇠의 원주)
=1200÷150=8 (바퀴)

6 (철로 모형의 길이)
=(철로 모형의 원주)=30×2×3=180 (cm)
(철로 모형을 돈 바퀴 수)
=(달린 거리)÷(철로 모형의 원주)
=1800÷180=10 (바퀴)

34ab

1 10, 3.14, 62.8   2 10, 80
3 62.8, 80, 142.8
4 60   5 140   6 180

〈풀이〉

4 직선 부분의 한쪽의 길이는 원의 지름과 같고, 곡선 부분은 반지름이 6 cm인 원의 원주의 $\frac{1}{2}$의 2배, 즉 원주와 같습니다.
(필요한 끈의 길이)
=(직선 부분)+(곡선 부분)
=6×2×2+6×2×3=60 (cm)

5 직선 부분의 한쪽의 길이는 원의 지름과 같고, 곡선 부분은 반지름이 10 cm인 원의 원주의 $\frac{1}{4}$의 4배, 즉 원주와 같습니다.
(필요한 끈의 길이)
=(직선 부분)+(곡선 부분)
=10×2×4+10×2×3=140 (cm)

6

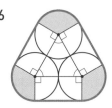

직선 부분의 한쪽의 길이는 원의 지름과 같고, 곡선 부분은 반지름이 15 cm인 원의 원주의 $\frac{1}{3}$의 3배, 즉 원주와 같습니다.
(필요한 끈의 길이)

=(직선 부분)+(곡선 부분)
=15×2×3+15×2×3=180(cm)

35ab

1 62.8, 69.08   2 할 수 없습니다.
3 6.28   4 54   5 20
6 54

〈풀이〉

1 (1번 레인의 곡선 구간)
=20×3.14=62.8 (m)
레인의 폭이 1 m이므로 2번 레인의 지름은
20+2=22 (m)입니다.
(2번 레인의 곡선 구간)
=22×3.14=69.08 (m)

2 2번 레인의 곡선 구간이 더 길기 때문에 출발 위치가 같다면 공정한 경기라고 할 수 없습니다.

3 2번 레인은 1번 레인보다 69.08−62.8=6.28 (m) 앞에서 출발해야 합니다.

4 감은 끈의 길이는 원통의 원주의 2배이므로 (4.5×2×3)×2=54 (cm)입니다.

5 가 바퀴가 돌아간 길이와 나 바퀴가 돌아간 길이가 같으므로 가 바퀴가 10번 돌 때 나 바퀴가 돈 횟수를 □번이라 하면, 12×2×3×10=6×2×3×□, □=20(번)입니다.

6 직선 부분은 바깥쪽 둘레와 안쪽 둘레가 같으므로 곡선 부분의 차이를 구하면 됩니다.
(곡선 부분의 차)
=(큰 원의 원주)−(작은 원의 원주)
=(72+9×2)×3−72×3=54 (m)

36ab

1 10, 10, 100
2 2, 5 / 5, 5, 3.14, 78.5
3 100, 78.5, 21.5
4 64   5 324   6 384

〈풀이〉

4 (색칠한 부분의 넓이)
$=$(원의 넓이)$-$(마름모의 넓이)
$=8\times8\times3-16\times16\div2=64$ (cm^2)

5 (색칠한 부분의 넓이)
$=$(반지름이 12 cm인 원의 넓이)$\times\dfrac{3}{4}$
$=12\times12\times3\times\dfrac{3}{4}=324$ (cm^2)

6 (색칠한 부분의 넓이)
$=$(반지름이 12 cm인 원의 넓이)
$\quad-$(반지름이 4 cm인 원의 넓이)
$=12\times12\times3-4\times4\times3=384$ (cm^2)

37ab

1	108	2	64	3	182.25
4	24	5	73.5	6	100

〈풀이〉

1 (색칠한 부분의 넓이)
$=$(원의 넓이)$\times\dfrac{1}{4}$
$=12\times12\times3\times\dfrac{1}{4}=108$ (cm^2)

2 (색칠한 부분의 넓이)
$=$(원의 넓이)$\times\dfrac{1}{4}-$(삼각형의 넓이)
$=16\times16\times3\times\dfrac{1}{4}-16\times16\div2=64$ (cm^2)

3 (색칠한 부분의 넓이)
$=$(큰 원의 넓이)$\times\dfrac{1}{4}-$(작은 원의 넓이)$\times\dfrac{1}{4}$
$=18\times18\times3\times\dfrac{1}{4}-9\times9\times3\times\dfrac{1}{4}$
$=182.25$ (cm^2)

4 (색칠한 부분의 넓이)
$=$(큰 원의 넓이)$-$(작은 원의 넓이)$\times2$
$=4\times4\times3-2\times2\times3\times2=24$ (cm^2)

5 (색칠한 부분의 넓이)

$=$(큰 원의 넓이)$\times\dfrac{1}{4}-$(작은 원의 넓이)$\times\dfrac{1}{2}$
$=14\times14\times3\times\dfrac{1}{4}-7\times7\times3\times\dfrac{1}{2}=73.5$ (cm^2)

6

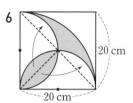

20 cm
20 cm

색칠한 부분을 그림과 같이 옮겨서 생각해
봅니다.
(색칠한 부분의 넓이)
$=$(원의 넓이)$\times\dfrac{1}{4}-$(삼각형의 넓이)
$=20\times20\times3\times\dfrac{1}{4}-20\times20\div2=100$ (cm^2)

38ab

1	81	2	30	3	200
4	50	5	351	6	75

〈풀이〉

1 (색칠한 부분의 넓이)
$=$(큰 원의 넓이)$-$(작은 원의 넓이)
$=6\times6\times3-3\times3\times3=81$ (cm^2)

2 큰 반원의 반지름은 $(4+8)\div2=6$ (cm)이고
작은 반원의 반지름은 $8\div2=4$ (cm)입니다.
(색칠한 부분의 넓이)
$=$(큰 반원의 넓이)$-$(작은 반원의 넓이)
$=6\times6\times3\times\dfrac{1}{2}-4\times4\times3\times\dfrac{1}{2}=30$ (cm^2)

3 (색칠한 부분의 넓이)
$=$(반원의 넓이)$-$(삼각형의 넓이)
$=20\times20\times3\times\dfrac{1}{2}-40\times20\div2=200$ (cm^2)

4 원의 지름은 직사각형의 세로와 같으므로
10 cm입니다.
(색칠한 부분의 넓이)
$=$(직사각형의 넓이)$-$(원의 넓이)$\times2$
$=20\times10-(5\times5\times3)\times2=50$ (cm^2)

5 (색칠한 부분의 넓이)
  =(가장 큰 반원의 넓이)+(중간 반원의 넓이)+(가장 작은 반원의 넓이)
  $=12×12×3×\frac{1}{2}+9×9×3×\frac{1}{2}+3×3×3×\frac{1}{2}$
  $=351$ (cm^2)

6 (색칠한 부분의 넓이)
  =(가장 큰 반원의 넓이)+(중간 반원의 넓이)+(가장 작은 반원의 넓이)
  $=5×5×3×\frac{1}{2}+4×4×3×\frac{1}{2}+3×3×3×\frac{1}{2}$
  $=75$ (cm^2)

39ab

1 337.5	2 96	3 900
4 200	5 58	6 81

〈풀이〉

1
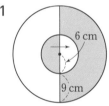

6 cm
9 cm

그림과 같이 색칠한 작은 반원 부분을 오른쪽 빈 곳으로 옮기면 전체 색칠한 부분은 반지름이 9+6=15 (cm)인 원의 반이 됩니다.
(색칠한 부분의 넓이)
$=15×15×3×\frac{1}{2}=337.5$ (cm^2)

2

4 cm

그림과 같이 아래쪽 작은 반원의 색칠한 부분을 위쪽 빈 곳으로 옮기면 전체 색칠한 부분은 반지름이 4+4=8 (cm)인 원의 반이 됩니다.
(색칠한 부분의 넓이)

$=8×8×3×\frac{1}{2}=96$ (cm^2)

3 (색칠한 부분의 넓이)
  =(큰 반원의 넓이)+(작은 반원의 넓이)×2
  $=20×20×3×\frac{1}{2}+(10×10×3×\frac{1}{2})×2$
  $=900$ (cm^2)

4
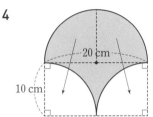

20 cm
10 cm

그림과 같이 색칠한 부분을 각각 빈 곳으로 옮기면 전체 색칠한 부분은 가로가 20 cm, 세로가 10 cm인 직사각형이 됩니다.
(색칠한 부분의 넓이)=20×10=200 (cm^2)

5 작은 반원의 지름은 20-8-8=4 (cm)입니다.
  (색칠한 부분의 넓이)
  =(직사각형의 넓이)-(반지름이 8 cm인 원의 넓이)×$\frac{1}{4}$×2-(지름이 4 cm인 반원의 넓이)
  $=20×8-8×8×3×\frac{1}{4}×2-2×2×3×\frac{1}{2}$
  $=58$ (cm^2)

6
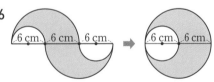

6 cm 6 cm 6 cm   →   6 cm 6 cm

도형의 아래쪽을 잘라 뒤집어 붙이면 그림과 같은 모양이 됩니다.
(색칠한 부분의 넓이)
=(큰 원의 넓이)-(작은 원의 넓이)
$=6×6×3-3×3×3=81$ (cm^2)

40ab

1 675	2 1800	3 525
4 471	5 75, 225, 375	

〈풀이〉

1 10점짜리 과녁판의 넓이는 반지름이 15 cm 인 원의 넓이이므로 $15 \times 15 \times 3 = 675$ (cm²) 입니다.

2 가장 큰 원은 반지름이 $15+10+10=35$ (cm)이고, 중간 원은 반지름이 $15+10=25$ (cm)입니다.
(3점짜리 과녁판의 넓이)
=(가장 큰 원의 넓이)−(중간 원의 넓이)
$=35 \times 35 \times 3 - 25 \times 25 \times 3 = 1800$ (cm²)

3 (5점짜리 과녁판의 넓이)
=(중간 원의 넓이)−(가장 작은 원의 넓이)
$=25 \times 25 \times 3 - 15 \times 15 \times 3 = 1200$ (cm²)
따라서 5점짜리 과녁판의 넓이는 10점짜리 과녁판의 넓이보다 $1200-675=525$ (cm²) 만큼 더 넓습니다.

4 (가의 넓이)$=20 \times 20 \times 3 = 1200$ (cm²)
(나의 넓이)$=(18 \times 18 \times 3) \times \dfrac{3}{4} = 729$ (cm²)
(색칠한 부분의 넓이)$=1200-729=471$ (cm²)

5 (가의 넓이)$=5 \times 5 \times 3 = 75$ (cm²)
(나의 넓이)=(반지름이 10 cm인 원의 넓이)
  −(반지름이 5 cm인 원의 넓이)
  $=(10 \times 10 \times 3)-(5 \times 5 \times 3)$
  $=300-75=225$ (cm²)
(다의 넓이)=(반지름이 15 cm인 원의 넓이)
  −(반지름이 10 cm인 원의 넓이)
  $=(15 \times 15 \times 3)-(10 \times 10 \times 3)$
  $=675-300=375$ (cm²)

성취도 테스트

1 ㄹ		**2** 3.1		**3** 12	**4** ㉠
5 200, 400	**6**				
7 432					
8 192					
9 351		**10** 867		**11** 192	
12 150		**13** 60		**14** 84	
15 181.5					

(6번 그림: 15.7 cm, 5 cm)

〈풀이〉

1 ㄹ 원이 커져도 원주율은 일정합니다.

4 ㉡의 지름은 $43.4 \div 3.1 = 14$ (cm)이므로 지름이 15 cm인 ㉠이 더 큰 원입니다.

9 (두 원의 넓이의 합)
$=6 \times 6 \times 3 + 9 \times 9 \times 3 = 351$ (cm²)

10 한 변의 길이가 34 cm인 정사각형 안에 들어갈 수 있는 가장 큰 원의 지름은 34 cm이므로 반지름은 17 cm입니다.
(원의 넓이)$=17 \times 17 \times 3 = 867$ (cm²)

11 (지름)$=48 \div 3 = 16$ (cm)이므로 반지름은 8 cm입니다.
(원의 넓이)$=8 \times 8 \times 3 = 192$ (cm²)

12 곡선 부분은 지름이 15 cm인 원의 원주의 2배와 같습니다.
(색칠한 부분의 둘레)
=(직선 부분)+(곡선 부분)
$=30 \times 2 + 15 \times 3 \times 2 = 150$ (cm)

13 (가장 큰 원의 지름)
$=3+3+2+2=10$ (cm)
(색칠한 부분의 둘레)
=(큰 원의 둘레)+(중간 원의 둘레)+(작은 원의 둘레)
$=10 \times 3 + 3 \times 2 \times 3 + 2 \times 2 \times 3 = 60$ (cm)

14 직사각형의 세로는 큰 원의 지름과 같으므로 12 cm이고, 작은 원의 지름은 $20-6 \times 2 = 8$ (cm)이므로 작은 원의 반지름은 4 cm입니다.
(색칠한 부분의 넓이)
=(직사각형의 넓이)−(큰 원의 넓이)−(작은 원의 넓이)
$=20 \times 12 - 6 \times 6 \times 3 - 4 \times 4 \times 3 = 84$ (cm²)

15 색칠한 부분을 원의 지름을 기준으로 하여 한쪽으로 모두 모으면 가장 큰 원의 반이 됩니다.
(색칠한 부분의 넓이)
$=11 \times 11 \times 3 \div 2 = 181.5$ (cm²)